¿Qué está orbitando a la enigmática estrella KIC 8462852?

¿Un cometa destrozado o una mega estructura alienígena?

Max R. Schmidt

¿Qué está orbitando a la enigmática estrella KIC 8462852?

¿Qué está orbitando a la enigmática estrella KIC 8462852?

¿Un cometa destrozado o una mega estructura alienígena?

Max R. Schmidt

Published by Doce Pasos Editores

¿Qué está orbitando a la enigmática estrella KIC 8462852?

"Bizarro." "Interesante." "Tránsito gigantesco"

Esas fueron las reacciones de los voluntarios del proyecto Planet Hunters cuando vieron por primera vez el gráfico de la curva de brillo de la estrella KIC 8462852 y de lo que de otra forma fuera aparentemente una estrella como nuestro Sol.

Algo que no es un planeta transitando hace a la estrella KIC 8462852 fluctuar furiosa e impredeciblemente en su brillo. Los astrónomos han sospechado un cometa desintegrado, pero la causa sigue siendo un misterio.
Crédito: NASA

De las más de 150,000 estrellas bajo la constante observación durante los cuatro años de la misión

¿Qué está orbitando a la enigmática estrella KIC 8462852?

primaria [Kepler](#) de la NASA (2009-2013), esta estrella en particular se distingue del resto de sus pares por las atenuaciones de su brillo. Aunque casi todas ellas se atribuyen a causas naturales, algunas sugieren que debemos considerar otras posibilidades.

Kepler-11, una estrella tipo nuestro Sol orbitada por seis planetas. Ciertos momentos, dos o más planetas transitan frente a la estrella al mismo tiempo, como se muestra en la concepción de este artista de los tres planetas observados por el satélite espacial Kepler el 26 de Agosto de 2010. Durante cada tránsito, el brillo de la estrella disminuye de una manera periódica.
Crédito: NASA/Tim Pyle

¿Qué está orbitando a la enigmática estrella KIC 8462852?

Quizás sepan o recuerden que el observatorio especial Kepler monitoreo continuamente estrellas en un panorama fijo de campo apuntado hacia la constelación Lyra y Cygnus con la esperanza de detectar fluctuaciones periódicas en su luz provocada por planetas en tránsito. Si se observaba su disminución, se observaban más tránsitos para confirmar la detección de un exoplaneta nuevo.

Y sí, detectó algo. Kepler halló 1,013 exoplanetas confirmados en 440 sistemas estelares a Enero del 2015 con 3,199 candidatos sin confirmar. Midiendo la cantidad de luz que el planeta "robaba" temporalmente de su estrella huésped le permitió a los astrónomos determinar su diámetro, mientras que el intervalo de tiempo que le llevó entre cada tránsito dio su período orbital.

¿Qué está orbitando a la enigmática estrella KIC 8462852?

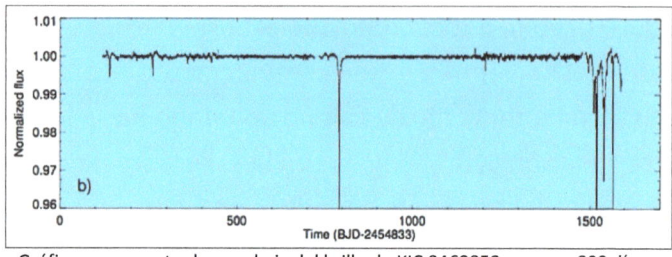

Gráfica que muestra la gran baja del brillo de KIC 8462852 en unos 800 días (centro) seguida de una serie completa de bajas de magnitud variable y hasta del 22%. La baja normal del brillo de una estrella cuando un exoplaneta orbita a su estrella huésped es *una fracción del porcentaje. El brillo normal de la estrella se ha fijado con un valor de base "1.00".*
Crédito: Boyajian et. All

Voluntarios del proyecto Planet Hunters, uno de muchos programas científicos bajo la tutela de Zooniverse, domina el poder humano de la visión para examinar las gráficas de luminosidad de Kepler (una gráfica de los cambios de intensidad del brillo en el tiempo), buscando patrones repetitivos que puedan señalar el tránsito de planetas. Fueron ellos los primeros en toparse con la perpleja estrella KIC 8462852.

¿Qué está orbitando a la enigmática estrella KIC 8462852?

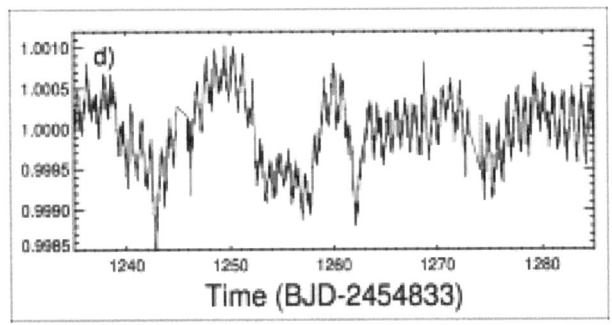

Un vista detallada de una pequeña parte de la gráfica del brillo revela una variación frecuente del brillo cada 20 días. Superpuesto sobre esto está el período de rotación de la estrella de 0.88 días.

Crédito: Boyajian et. All

Esta estrella de magnitud +11.7 en Cygnus, más caliente y una mitad tan grande como el Sol, muestra bajas del brillo *por todo el gráfico*. Cerca del Día 800 de la corrida de datos del Kepler, disminuyó un 15% y retomó un brillo constante hasta los Días 1510-1570, cuando le sobrevino una serie completa de bajas, incluyendo una muy notable del 22%. ¡Esto es enorme! Para comprenderlo, hay que considerar que una exo-Tierra tan solo bloquea una fracción del porcentaje del brillo de una estrella, inclusive un mundo del tamaño de Júpiter, la media de los exoplanetas encontrados, tan solo tiene una baja de aproximadamente el 1%.

5

¿Qué está orbitando a la enigmática estrella KIC 8462852?

Así mismo, los exoplanetas muestran gráficos de disminución del brillo rítmicos y repetitivos cuando entran, cruzan y luego salen de las caras de su estrella huésped. En cambio, las bajas del brillo de KIC 8462852 son extravagantemente a-periódicas.

¿Sería posible que una ruptura colosal de un cometa, y los rompimientos subsecuentes de los fragmentos sean los responsables de los cambios erráticos del brillo de KIC 8462852?

¿Qué está orbitando a la enigmática estrella KIC 8462852?

Sea lo que sea que esté provocando estas enormes variaciones, no es un planeta. Con gran esmero, los investigadores descartaron muchas posibilidades: errores en los instrumentos, manchas estelares (como nuestras manchas solares pero en otras estrellas), aros de polvo como los que se han detectado alrededor de estrellas jóvenes en evolución - esta es una estrella vieja - y pulsaciones que cubren a una estrella con nubes de polvo que filtran la luz.

¿Qué tal una colisión entre dos planetas? Esto generaría una cantidad enorme de material con nubes gigantescas de polvo que fácilmente pudieran opacar el brillo de la luz estelar de forma rápida e irregular.

Una idea brillante, solo que el polvo absorbe la luz de su estrella huésped, se calienta y brilla con luz infrarroja. Deberíamos poder ver este "exceso de infrarrojo" si estuviera ahí, pero en su lugar KIC 8462852 emite justo la cantidad normal de infrarrojo para una estrella de su clase y no mucho más. Asimismo tampoco existe evidencia en los datos obtenidos por el Explorador de Campo Amplio en el Infrarrojo, WISE por sus siglas en

¿Qué está orbitando a la enigmática estrella KIC 8462852?

inglés, varios años antes y que pudieran haber indicado que hubo una colisión en la estrella.

Nuestra estrella resaltada brilla con una magnitud +11.7 en la constelación Cygnus el Cisne (Cruz del Norte) alto en el cielo del sur al anochecer en este mes de Octubre. Un telescopio de 6″ o mayor la mostrará fácilmente. Use este mapa como guía y el mapa inferior para llegar ahí.
Fuente: Stellarium

Después de haber examinado las opciones, los investigadores concluyeron que la mejor explicación pueda ser que esto es provocado por un cometa destrozado que continuó con su fragmentación en una cascada de cometas más pequeños. Un escenario bastante sorprendente.

¿Qué está orbitando a la enigmática estrella KIC 8462852?

Todavía no se ha detectado el polvo que lo explique, pero no tanto como lo que requieren los otros escenarios propuestos.

Mapa al detalle mostrando las estrellas de una magnitud de alrededor 12 donde se identifica la estrella Kepler. Está ubicada a una corta distancia al noreste del cúmulo globular NGC 6886 en Cygnus. El Norte está arriba.
Fuente: Chris Marriott's Sky Map

Siendo frágiles, los cometas se pueden desbaratar a sí mismos cuando pasan excepcionalmente cerca del Sol como ha sucedido con algunos en nuestro Sistema Solar. O una estrella vagabunda pudiera perturbar la nube Oort de la estrella huésped y provocar una desbandada de cometas al sistema estelar interno. Y sucede que una estrella enana roja está a unas 1000 U.A. (mil veces la distancia de

¿Qué está orbitando a la enigmática estrella KIC 8462852?

la Tierra al Sol) de KIC 8462852. Nadie sabe aún si la estrella está orbitando la estrella Kepler o si tan solo está pasando por ahí. Como quiera que sea, está lo suficientemente cerca para provocar que los cometas sean lanzados.

Suficiente de explicaciones "naturales". Tabetha Boyajian, con un PhD de Yale, quien supervisa a los Planet Hunters y la principal autora del boletín científico de KIC 8462852, le preguntó a Jason Wright, un profesor suplente de astronomía en Penn State, qué pensaba de sus gráficos del brillo. "Loco" fue lo que se le vino a la mente cuando los vio, pero la inquietud afloró en un pensamiento. Resulta que Wright había estado trabajando en un boletín científico para detectar mega estructuras con Kepler.

¿Qué está orbitando a la enigmática estrella KIC 8462852?

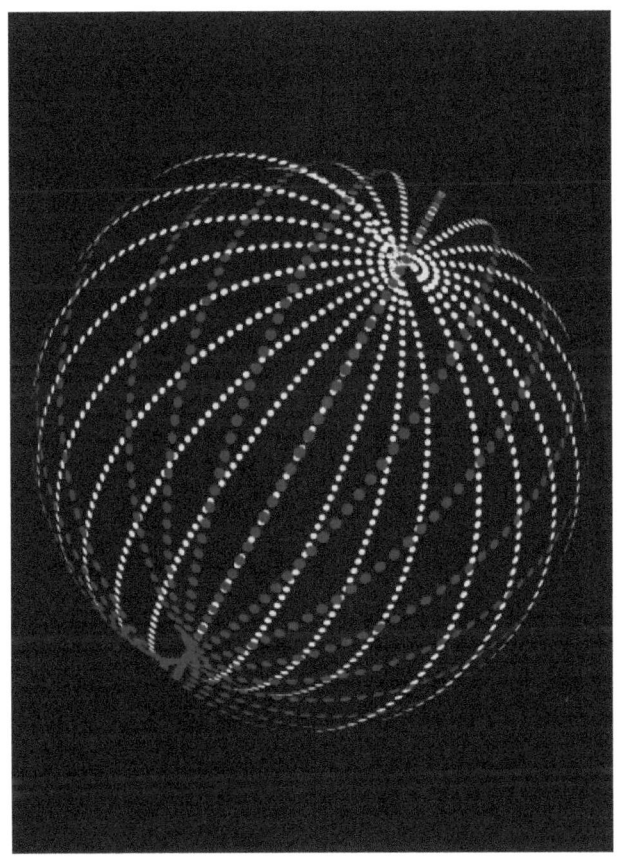

Hay anillos Dyson y esferas y un enjambre Dyson en esta figura. ¿Pudiera ser esto o una variante de esto lo que estamos viendo alrededor de KIC 8462852? No es probable, pero no deja de ser un experimento divertido.
Crédito: Wikipedia

¿Qué está orbitando a la enigmática estrella KIC 8462852?

En su blog reciente, escribe: "La idea es que una civilización alienígena avanzada construya mega estructuras del tamaño de un planeta - paneles solares, mundos de anillos, telescopios, haces, lo que sea - Kepler es capaz de distinguir estos objetos de los planetas. Asumamos que nuestros alienígenas amistosos quieran aprovechar la energía de su estrella huésped. Pudieran construir paneles solares enormes al por mayor y enviarlos a una órbita para reflejar la luz estelar hacia la superficie de su planeta. El físico Freeman Dyson popularizó la idea por 1960. ¿Recuerda la Esfera Dyson, una gigantesca estructura hipotética construida para englobar una estrella?

Desde nuestra perspectiva, podríamos detectar un titilar de la estrella en patrones irregulares conforme los paneles gigantescos giraran a su alrededor, Para ilustrar este punto, Wright formuló esta maravillosa analogía:

"La analogía que tengo es mediante la observación de las sombras en las persianas de gente fuera de una ventana al pasar. Si una persona estuviera dando la vuelta en la calle sobre en una bicicleta, su sombra aparecería de manera regular en tiempo y forma (como un planeta normal orbitando una estrella). Pero masas de personas pasando por ahí - en ambas direcciones, rápido y despacio, grandes y extra grandes - no tendrían patrón regular alguno. El total de la luz pasando por las persianas pudiera variar como - la estrella de Tabby".

El Telescopio Green Bank, GBT, es el telescopio dirigible más grande del mundo. El plato del GBT mide 100 X 110 metros, cubriendo un área de 2.3 acres de espacio.
Crédito NRAO/AUI/NSF

Hasta Wright admite que la "hipótesis alienígena" debe ser tomada como una última solución al enigma. Pero para garantizar que no quede piedra sin voltear, Wright, Boyajian y otros más de Planet

¿Qué está orbitando a la enigmática estrella KIC 8462852?

Hunters armaron una propuesta para hacer una investigación SETI de radio en el GBT de 100 metros de diámetro. En mi opinión, esta es ciencia en su expresión más pura. Tenemos una pregunta difícil de contestar, de modo que usemos todas las herramientas de las que disponemos para encontrar una respuesta.

KIC 8462852 fotografiado el 15 de Octubre de 2015. Es una estrella F3 V (enana blanca-amarilla) localizada alrededor de 1,480 años luz de la Tierra. Crédito: Gianluca Masi

Al final, probablemente no sea una mega estructura alienígena, tal y como las primeras señales de los

¿Qué está orbitando a la enigmática estrella KIC 8462852?

pulsares no fueron enviadas por PHV-1 (Pequeños Hombres Verdes). Pero sea lo que sea que esté provocando las bajas de brillo, Boyajian quiero que los astrónomos mantengan una vigilancia cercana a KIC 8462852 para descubrir si y cuando sus erráticas variaciones de brillo se repiten. Amo un misterio, pero las respuestas en ciencia suelen ser aún mejores.

#

¡Felicidades!

Ya llegaste al final de mi libro. Gracias por haberlo leído. Si lo disfrutaste, me puedes dejar un comentario con tu distribuidor favorito.

i

Gracias!

Max R. Schmidt

¿Qué está orbitando a la enigmática estrella KIC 8462852?

BIBLIOGRAFÍA

Anuncio

Debido a la trascendencia de los descubrimientos realizados por las observaciones del telescopio sideral Kepler, hemos publicado una síntesis informativa de este hecho tan importante:

Serie Adultos Niños

Danos un like en Adultos Niños Asociación ANA

1. Schmidt, Max R. - Adultos Niños (2003). ¿Quién es un Adulto Niño? Incluye además un Cuestionario Confidencial para saber si lo eres.

2. Schmidt, Max R. - ANA Camino al Corazón (2003). ¿Te sientes desorientado, confundido, atosigado? Con el reconocido Programa ANA de Doce Pasos, recuperarás al niño dentro de ti y, aprendiendo a convertirte en tu propio madre/padre amoroso, podrás por fin vivir una vida útil y feliz en compañía de otros Adultos Niños.

3. Schmidt, Max R. - Afirmaciones Diarias para Adultos Niños (2014). Un pensamiento positivo diario enfocado en aliviar la carga de los rasgos de carácter propios de los Adultos Niños.

4. Schmidt, Max R. - Sobriedad Emocional - El Cuarto Legado del Programa de Doce Pasos (2014). Definido como "la siguiente frontera de la recuperación" por Bill W., autor del afamado libro Alcoholics Anonymous, el cual sigue mejorando la calidad de vida de millones de personas en todo el mundo, este libro te va a proporcionar herramientas efectivas de avance un tu viaje permanente por el sendero de la recuperación.

Serie Abuso de Substancias y Salud Mental

Danos un like en El Libro Grande

5. Schmidt, Max, R. - El Pensamiento del Día - Un pensamiento, meditación y oración diarias para los Alcohólicos Anónimos. (2014)

6. Schmidt, Max R. - El Libro Grande - Cómo Funciona el Programa de Doce Pasos de Alcohólicos Anónimos (2014) - ¿Tienes dependencia a una sustancia? ¿Conoces a alguien que la tenga? Este libro les va a mostrar el camino de la liberación a las sustancias intoxicantes; sus principios han transformado,

para bien, la calidad de vida de millones de personas en todo el mundo.

7. Schmidt, Max R. - Resolviendo el Rompecabezas de la Adicción y la Salud Mental - A menudo la dependencia a una sustancia viene acompañada a su vez de algún trastorno mental/emocional. Este libro te va a explicar con claridad si padeces de uno o ambos casos.

8. Schmidt, Max R. - Sobriedad Emocional - El Cuarto Legado del Programa de Doce Pasos (2014). Definido como "la siguiente frontera de la recuperación" por Bill W., autor del afamado libro Alcoholics Anonymous, el cual sigue mejorando la calidad de vida de millones de personas en todo el mundo, este libro te va a proporcionar herramientas efectivas de avance un tu viaje permanente por el sendero de la recuperación.

Serie *ASTRONICS*

Danos un like en ASTRONICS

9. Schmidt, Max R. - ¿Qué está orbitando la enigmática estrella KIC 8462852? ¿Un cometa destrozado o una mega estructura alienígena?. Aún sin definir, y muy lejos de una explicación de origen natural, los datos arrojados por el telescopio sideral Kepler están cimbrando los esfuerzos por detectar vida inteligente

extraterrestre. Porque todas las explicaciones que se han dado sobre las erráticas variaciones del brillo de la enigmática estrella KIC 8462852 caen una a una, dejando quizás como única explicación alguna actividad de una civilización muy avanzada.

10. Schmidt, Max R. - El Lenguaje de la Astrología. Para todas aquellas civilizaciones que fundaron su fortaleza en la agricultura, la observación de los ciclos terrestres y cósmicos cobró una importancia preponderante para ajustar las cosechas a los ciclos más favorables de la Tierra y con los demás astros. En este libro se delinean los principales símbolos astrológicos y que fueron parte de la Curricula de las Universidades europeas, de manera obligatoria, hasta entrado el S. XVII. Un atlas básico de esta currícula.

Acerca de Max R. Schmidt

En 2003, Max R. Schmidt publicó su primer libro: ANA – Camino al Corazón. De inmediato fue un éxito en la comunidad de los Adultos Niños, y marcó el inicio de una nueva era para el trabajo en Grupo de Doce Pasos en la recuperación de los Adultos Niños ya que presentó La Solución al problema que sufren los Adultos Niños.

Con el segundo libro, publicado en 2004, Adultos Niños, Max R. Schmidt fortaleció el mensaje de recuperación para los Adultos Niños exponiendo con claridad El Problema, y puso en sus manos una valiosa herramienta para detectar sus características y los roles que juegan en el ambiente familiar disfuncional, además de que agregó un cuestionario con el cual cualquier persona puede determinar si es un Adulto Niño, con lo cual puede optar por su recuperación mediante el trabajo en un grupo ANA con la ayuda del libro ANA – Camino al Corazón.

En el 2008 Max R. Schmidt se embarcó en un nuevo proyecto, la creación de su libro "El Libro Grande – Como Funciona el Programa de Doce Pasos de Alcohólicos Anónimos", una traducción fiel del aclamado libro estadounidense Alcoholics Anonymous, primera edición. No solo hizo la traducción fiel del libro, sino que además, en una profusa cantidad de pies de página, explicó lo que el autor de este clásico, Bill W., quiso decir en su afamado libro como solución integral al alcoholismo, además de agregar una gran cantidad de anécdotas y datos históricos sobre este fabuloso programa que le ha salvado la vida a millones de personas y del cual ANA es su primo hermano.

En el 2014 publicó su libro "Afirmaciones Diarias para los Adultos Niños", el cual ha sido recibido con gran alegría por todos los Adultos Niños del mundo hispano, ya que sus mensajes para cada día, llenos de positivismo, los inspira para dejar atrás las experiencias traumáticas de haber crecido en una familia alcohólica o disfuncional, promoviendo su recuperación para vivir una vida útil y feliz.

En el 2015 ha quedado publicado el libro "Resolviendo el Rompecabezas de la Adicción y la Salud Mental", donde expone el problema dual que se presenta de manera común cuando existe una adicción a una sustancia y una enfermedad mental, y no solo describe el problema sino que propone su solución.

Contacta a Max R. Schmidt
CorreoE: maxerlin35@gmail.com